U0395990

书中收录了 38 种鱼，隶属于 6 目 12 科 36 属。

西溪湿地鱼类 识别手册

中国湿地博物馆  编

浙江工商大学出版社
ZHEJIANG GONGSHANG UNIVERSITY PRESS

图书在版编目（CIP）数据

西溪湿地鱼类识别手册 / 中国湿地博物馆编 ． — 杭
州 ： 浙江工商大学出版社 ， 2018.7
　　ISBN 978-7-5178-2752-8

　　Ⅰ ． ①西… Ⅱ ． ①中… Ⅲ ． ①沼泽化地－国家公园－
鱼类－识别－杭州－手册 Ⅳ ． ① Q959.408-62

中国版本图书馆 CIP 数据核字（2018）第 104789 号

西溪湿地鱼类识别手册

中国湿地博物馆 编

责任编辑	何小玲
封面设计	陈广领
责任印制	包建辉
出版发行	浙江工商大学出版社
	（杭州市教工路 198 号　邮政编码 310012）
	（E-mail: zjgsupress@163.com）
	（网址：http://www.zjgsupress.com）
	电话：0571-88904980，88831806（传真）
排　版	风晨雨夕工作室
印　刷	杭州恒力通印务有限公司
开　本	787 mm×1092 mm　1/16
印　张	7
字　数	115 千
版 印 次	2018 年 7 月第 1 版　2018 年 7 月第 1 次印刷
书　号	ISBN 978-7-5178-2752-8
定　价	50.00 元

《西溪湿地鱼类识别手册》创作团队

主编： 王莹莹

摄影： 张闻涛　盛　强　储忝江（排名不分先后）

手绘： 王莹莹

特别鸣谢

本书图片，除来源于个人摄影外，个别图片来源于网络，在此致以诚挚谢意。
特别感谢中国科学院等官方网站提供的信息。

前　言

鱼类适应范围广阔，区系组成复杂，形态千变万化，色泽绚丽多彩，早已为人们所熟知。

中国是世界上鱼类种类最丰富的国家之一。据最新统计，我国有鱼类3862种，其中海洋鱼类迄今记录有3048种，淡水鱼类800余种。

鱼类是湿地生态系统的重要组成部分，在构建生态系统结构、体现生态系统功能方面均具有重大意义。

2016年初，为有效掌握西溪湿地的鱼类资源现状，探究西溪湿地鱼类的群落组成类型和结构特征，中国湿地博物馆与浙江省淡水水产研究所共同开展鱼类资源调查。

在对西溪湿地鱼类开展为期1年的野外调查基础上，结合比对《浙江省动物志淡水鱼类》《太湖鱼类志》《中国鱼类系统检索》《中国鲤科鱼类志》《中国淡水鱼类检索》《中国淡水鱼类原色图集》《鱼类分类学》等书籍中对鱼类形态特征及生活习性的描述，调查组整理汇编成这本《西溪湿地鱼类识别手册》。本手册共记载西溪湿地鱼类38种，隶属于6目12科36属。

本手册旨在为国内外渔业资源管理、生态环境保护等领域的专家与读者提供西溪湿地鱼类"家底"手册，并为国内外学者进行西溪湿地鱼类多样性研究，以及为各级政府保护与合理开发西溪湿地鱼类资源提供科学依据。

　　本书的出版，得到了中国湿地博物馆馆立课题经费的支持。特别感谢浙江省农业科学院储呇江博士在鱼类采样、鉴定过程中给予的大力支持，感谢湖州师范大学盛强博士在鱼类图片拍摄以及鱼类外形图绘制方面给予的无私帮助。

　　由于时间紧促，加上编者水平有限，错漏之处还请批评指正。

编　者

2018 年 1 月

目　录

第一章　西溪湿地概况　/　001

　　01. 自然地理　/　002　　　　02. 水文条件　/　004

　　03. 河道水系　/　006

第二章　西溪湿地鱼类生态特征　/　007

　　01. 物种组成　/　008　　　　02. 群落结构　/　009

第三章　西溪湿地鱼类生物学特征　/　011

　　01. 青鱼　/　012　　　　02. 草鱼　/　014

　　03. 赤眼鳟　/　016　　　　04. 鲢　/　018

　　05. 鳙　/　020　　　　06. 鲤　/　022

　　07. 鲫　/　024　　　　08. 三角鲂　/　026

　　09. 大眼华鳊　/　028　　　　10. 红鳍原鲌　/　030

11. 翘嘴鲌 / 032　　　12. 蒙古鲌 / 034

13. 银飘鱼 / 036　　　14. 鱤 / 038

15. 大鳍鱎 / 040　　　16. 彩副鱊 / 042

17. 中华鳑鲏 / 044　　　18. 花䱻 / 046

19. 棒花鱼 / 048　　　20. 麦穗鱼 / 050

21. 华鳈 / 052　　　22. 马口鱼 / 054

23. 宽鳍鱲 / 056　　　24. 圆吻鲴 / 058

25. 大鳞副泥鳅 / 060　　　26. 泥鳅 / 062

27. 乌鳢 / 064　　　28. 河川沙塘鳢 / 066

29. 中华乌塘鳢 / 068　　　30. 圆尾斗鱼 / 070

31. 叉尾斗鱼 / 072　　　32. 中华刺鳅 / 074

33. 鮎 / 076　　　34. 黄颡鱼 / 078

35. 黄鳝 / 080　　　36. 中国花鲈 / 082

37. 食蚊鱼 / 084　　　38. 青鳉 / 086

第四章　西溪湿地鱼类外形图 / 089

附录：西溪湿地鱼类经济价值一览表 / 100

参考文献 / 104

第一章

西溪湿地概况

01. 自然地理

就地理位置而言，西溪历来一般指西溪河流经的留下至古荡段两岸的宽阔地带。南岸包括老和山—灵峰山—北高峰—龙门山—小和山山脊线北侧的丘陵坡麓地带，北岸包括余杭塘河以南五常—蒋村乡一带，东起松木场、古荡，西至留下小和山一带的水网平原，面积约为 60 km²。此范围内大部分属河流沼泽型湿地，所以一般又称为西溪湿地。

随着工业化和城市化的推进，西溪湿地被大量占用，湿地面积锐减，至 2013 年减为约 10 km²。

2005 年 5 月 1 日建成并开放的西溪国家湿地公园位于杭州市区中西部绕城公路界内（东经 120° 02′ 19″—120° 05′ 08″，北纬 30° 14′ 55″—30° 16′ 56″）。行政区域主要

属于西湖区蒋村街道，小部分属于余杭区五常街道，距市中心武林门约 6 km，距西湖 5 km，处于杭州市西部低山丘陵区与杭嘉湖平原的过渡地带。

西溪国家湿地公园一、二期（西湖区内）总面积为 7.63 km²，东起紫金港，西以五常港与余杭区为界，南起沿山河，北至余杭塘河，是西溪河流经留下至古荡段两岸的一片水网平原，属河流兼沼泽型湿地，以鱼塘为主，由部分河港湖漾及狭窄的塘基和面积较大的河渚相间组成的次生湿地。

西溪国家湿地公园三期（余杭区内）占地面积 3.353 km²，东侧与西溪国家湿地公园一期相连，西以绕城辅道为界，北至文二西路延伸段，南达五常大道，是西溪综合保护工程的"收官之作"。

02. 水文条件

西溪湿地主要有纵横交错的 6 条河流在此围合汇聚。它们分别是：

沿山河（又称西溪，后又延伸为西溪河。西起于五常化龙桥，东止于蒋村周家门，全长约 11.7 km，宽约 11 m，不通航）；

五常港（南起于留下镇，北止于余杭塘河，全长约 5.95 km，宽约 25 m，水深约 2.5 m，可通农用船只）；

紫金港（南起于沿山河，北止于余杭塘河，全长约 3.4 km，宽约 20 m，水深约 2.3 m）；

顾家桥港（南起于五常白浪，北止于五常天竺桥，全

长约 1.8 km，宽约 15 m，水深约 2.5 m，可通农用船只）；

严家港（西起于蒋村南高桥，东止于千斤洋，全长约 2.2 km，宽约 15 m，水深约 2 m，可通农用船只）；

蒋村港（南起于蒋村何家河头，北止于余杭塘河，全长约 3.75 km，宽约 20 m，水深约 2.3 m，可通农用船只）。

这 6 条河流总长 28.8 km。区内约 70％是河港、池塘、湖漾、沼泽等水域，陆地面积仅占 30％；水网密度高达 25 km/km^2，以致村庄、田野之间，非舟莫渡。区内河水受西边五常港补给，缓缓东流，流速 0.03—0.07 m/s，常年平均水位约 1.15 m。

03. 河道水系

西溪湿地从水系上归属于杭州市区运河水系的运西片，处于低山丘陵与平原的过渡地带。上承山区性河流沿山河西段上游闲林港的部分山水，上埠河、东穆坞溪以及北高峰、龙门山北麓之水；下泄主要经余杭塘河、沿山河汇入京杭运河。区域内南北向的河道主要有五常港、蒋村港、紫金港等，东西向的主要有沿山河（部分）、严家港、余杭塘河（部分）等。

西溪湿地分为西北圩、西南圩和中圩 3 个圩区。

西北圩以余杭塘河、严家港、五常港和蒋村港为外港形成包围，面积为 4.10 km²，水面积为 1.43 km²，其中鱼塘 1.16 km²，水面率为 35.0%。西南圩以严家港、沿山河、五常港和蒋村港为外港形成包围，面积为 4.42 km²，水面积为 2.65 km²，其中鱼塘 1.53 km²，水面率为 60.0%。中圩以余杭塘河、沿山河、蒋村港和紫金港为外港形成包围，面积为 5.72 km²，水面积为 2.78 km²，其中鱼塘 1.80 km²，水面率为 48.6%。

第二章

西溪湿地鱼类生态特征

鱼类是湿地生态系统的重要组成部分，在构建生态系统结构、体现生态系统功能方面均具有重大意义。基于此，2016 年春季，中国湿地博物馆西溪湿地鱼类资源调查项目正式启动。

项目组于 2016 年 5 月和 10 月期间，以西溪湿地一期、二期和三期保护工程区域的河港湖漾作为研究地点，利用刺网和地笼网，对西溪湿地的鱼类多样性进行调查，探索研究西溪湿地鱼类的群落组成类型和结构特征，了解西溪湿地的水生态系统状态，以此为西溪湿地的合理健康发展提供基础和指导。

01. 物种组成

2016 年 5 月和 10 月的 2 次调查共计采集到水生生物 45 种，隶属于 8 目 19 科 43 属。

其中，鱼类 38 种，隶属于 6 目 12 科 36 属。分别为，鲤形目最多，共 26 种（68.42%），鲈形目 7 种（18.42%），鲇形目 2 种（5.26%），合鳃目 1 种（2.63%），鳉齿目 1 种（2.63%），颌针鱼目 1 种（2.63%）。（见图 2-1）

此外，这 2 次调查还采集到十足目（虾、蟹类）6 种，鳖类 1 种。

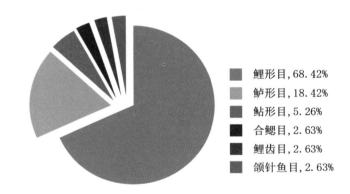

鲤形目, 68.42%
鲈形目, 18.42%
鲇形目, 5.26%
合鳃目, 2.63%
鳉齿目, 2.63%
颌针鱼目, 2.63%

图 2-1 西溪湿地各目鱼类组成及占比

02. 群落结构

2016年5月共采集到鱼类30种，隶属于6目12科；2016年10月共采集到鱼类27种，隶属于4目7科。（见图2-2）

5月份和10月份2次采集到的样品都以鲤形目的物种数最多。

2次调查捕获渔获物共计354尾，其中鲤形目鱼类在渔业群落结构中优势地位明显，占总渔获物的比例为80.23%；其次为鲈形目鱼类，占总渔获物的比例为16.95%。（见图2-3）

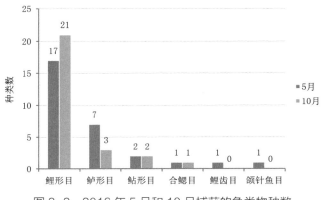

图2-2 2016年5月和10月捕获的鱼类物种数

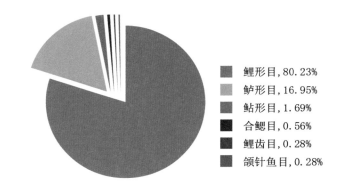

图2-3 各目鱼类捕获尾数占总渔获物的百分比

第三章

西溪湿地鱼类生物学特征

 **01. 青鱼**　　　　　　　　　　　　*Mylopharyngodon piceus*（Richardson, 1846）

【英 文 名】black carp

【俗　　名】乌青、黑鲩、青鲩、螺蛳青

【分类地位】鲤形目 Cyprinformes

　　　　　　鲤科 Cyprinidae

　　　　　　雅罗鱼亚科 Leuciscinae

　　　　　　青鱼属 *Mylopharyngodon*

【栖息习性】中下层鱼类。栖息于江河、湖泊等大型水面中下层水体。

【摄食习性】主要摄食小螺蛳或蚬等底栖动物，也取食水生昆虫幼虫及虾类等小型水生动物。

【繁殖习性】4—5 龄性成熟。1 次产卵型鱼类。繁殖期为 4—7 月。卵浮性。

【形态特征】 体延长,略呈柱状。头中等大,眼前部稍平扁,后部稍侧扁。无腹棱。吻短,前端圆钝,其长与颊部宽度约相等。无须。口端位,呈弧形。上颌较下颌略长,向后伸至眼前缘之下方。鼻孔接近眼前缘之下方。眼中等大,位于头部的正中两侧。眼间距短于眼后头长。鳃耙短而细,排列较稀。下咽齿粗大而短,呈臼状,齿面光滑。鳞大,圆形。侧线完全,略作弧形,向后延伸至尾基正中。肛门接近臀鳍之前方。背鳍无硬刺,其起点位于吻端至尾鳍基部的中点。胸鳍末端不达腹鳍起点。腹鳍起点稍后于背鳍起点的下方。臀鳍向后延伸不达尾鳍基部。尾鳍叉形,上下叶末端圆钝。体青黑色,背部较深,腹部灰白,各鳍均呈黑色。

图3-1 青鱼

 **02. 草鱼**　　　　　　　　　*Ctenopharyngodon idella*（Valenciennes, 1844）

【英　文　名】grass carp

【俗　　　名】鲩、油鲩、白鲩、草青

【分类地位】鲤形目 Cyprinformes

　　　　　　鲤科 Cyprinidae

　　　　　　雅罗鱼亚科 Leuciscinae

　　　　　　草鱼属 *Ctenopharyngodon*

【栖息习性】中下层鱼类。在浅滩和水体多草区

域摄食生长，觅食时会在水体上层
活动。冬季在深水区越冬。

【摄食习性】草食性鱼类。主要摄食水生高等
植物。

【繁殖习性】4—5龄为产卵群体，5月中下旬为
繁殖盛期。

【形态特征】 体略呈圆筒形，头部稍平扁，尾部侧扁。口呈弧形，无须。上颌略长于下颌。其体较长，腹部无棱。头部平扁，尾部侧扁。下咽齿2行，侧扁，呈梳状，齿侧具横沟纹。背鳍和臀鳍均无硬刺，背鳍和腹鳍相对。吻非常短，长度小于或者等于眼直径。眼眶后的长度超过一半的头长。体呈浅茶黄色，背部青灰，腹部灰白，胸、腹鳍略带灰黄，其他各鳍浅灰色。

图3-2 草鱼

03. 赤眼鳟　　　　　　　　　　*Squaliobarbus curriculus*（**Richardson, 1846**）

【英　文　名】barbel chub

【俗　　　名】红眼棒、野草鱼、红眼鳟、红眼鲮

【分类地位】鲤形目 Cyprinformes

　　　　　　鲤科 Cyprinidae

　　　　　　雅罗鱼亚科 Leuciscinae

　　　　　　赤眼鳟属 *Squaliobarbus*

【栖息习性】中下层鱼类。栖息于流速较缓的江河、湖泊中，对环境适应能力较强。

【摄食习性】以藻类及水草为主要饵料，兼食小鱼、虾及底栖软体动物和昆虫幼虫等。

【繁殖习性】2龄即性成熟。繁殖期为6—8月。在雨后涨水时到上游急流中产卵。卵浮性。

【形态特征】 体延长，全体略呈圆筒形。尾部稍扁。外形酷似草鱼，无腹棱。头较尖。吻钝。口端位，口裂宽，呈弧形。上颌和口角各有 1 对小须，隐藏在唇褶缝内。眼侧位，在头的前半部。鼻孔距眼较距吻端为近。鳞较大，圆形。侧线平直，后延至尾基正中。鳃耙短，末端尖，排列稀疏。下咽齿靠内 1 行较长，基部粗，顶端略呈钩形。背鳍基部较短，无硬刺，其起点在腹鳍起点的稍前方，至吻端的距离较至尾基的距离稍近。胸鳍三角形，不达腹鳍。腹鳍不达臀鳍。臀鳍小，其起点距尾鳍基部较距腹鳍为近。肛门起点紧靠于臀鳍起点。尾鳍分叉较深。鳔分 2 室，后室长而尖。腹膜黑色。体色较草鱼淡，背部灰黄带青绿色，体侧稍带银白色。侧线以上的鳞片，基部有黑色斑块，组成体侧的纵列条纹。腹部灰白色，背鳍和尾鳍灰黑色，尾鳍有 1 条黑色边缘，其他各鳍灰白色。活鱼在眼上缘有 1 块红斑，赤眼鳟因此得名。

图3-3 赤眼鳟

 **04. 鲢** *Hypophthalmichthys molitrix*（Valenciennes, 1844）

【英 文 名】silver carp

【俗　　名】白鲢、水鲢、跳鲢

【分类地位】鲤形目 Cyprinformes

　　　　　　鲤科 Cyprinidae

　　　　　　鲢亚科 Hypophthalmichthyinae

　　　　　　鲢属 *Hypophthalmichthys*

【栖息习性】中上层鱼类。栖息于江河、湖泊等大型水面，冬季在深水区越冬。

【摄食习性】以滤食浮游植物为主食，兼食浮游动物。

【繁殖习性】一般 4 龄达性成熟。4 月下旬至 6 月上旬为繁殖季节。鱼群集中到大江上游产卵繁殖。卵浮性，浮漂在水面发育，35 小时左右孵化为鱼苗。

【形态特征】 体长而侧扁，稍高。头较大，侧扁。腹棱完全，自喉部至肛门。口端位。口裂较宽，略向上斜，口角不达眼前缘之下。无须。眼较小，位于头侧中轴之下。眼间距较宽，中央稍隆起。鼻孔小，在吻部上侧。鳃膜不与颊部相连。鳃孔大，鳃耙细密，愈合成筛状滤器。有鳃上器。下咽齿 1 行，阔而平扁。鳞细小，不易脱落。侧线完全，在腹鳍前方向下弯曲，腹鳍以后较平直，向后延至尾基正中。肛门靠近臀鳍起点。背鳍基部短，外缘微凹，无硬刺，起点距尾鳍基部较距吻端为近。胸鳍较长，末端可达腹鳍基部。性成熟的雄性，胸鳍不分枝鳍条的外缘具骨质尖刺。雌性光滑无刺。腹鳍较短，末端不达肛门。其起点距胸鳍起点较距肛门为近。臀鳍起点在背鳍末端的下方，距腹鳍

较距尾基为近。尾鳍分叉很深，两叶末端较尖。鳔分 2 室，前室粗短，后室细长。腹膜黑色。活鱼背部浅灰，略带黄色，体侧及腹部为银白色，各鳍浅灰色。

图 3-4 鲢

 **05. 鳙**

Aristichthys nobilis（Richardson, 1845）

【英 文 名】bighead carp

【俗　　名】花鲢、胖头鱼、大头鱼、麻鲢

【分类地位】鲤形目 Cyprinformes

　　　　　　鲤科 Cyprinidae

　　　　　　鲢亚科 Hypophthalmichthyinae

　　　　　　鳙属 *Aristichthys*

【栖息习性】中上层鱼类。栖息于江河、湖泊、水库等大型水面。

【摄食习性】以滤食浮游动物为主食，成鱼兼食浮游植物。

【繁殖习性】4—5 龄达性成熟。繁殖季节在 4 月下旬到 7 月。在流水中产卵。

【形态特征】 体高侧扁，背部圆，腹部在腹鳍基部之前平圆。头大，头长大于体高，前部宽阔，吻短而宽。腹棱不完全，自腹鳍基部至肛门。口大，端位。口裂向上倾斜，下颌向上略翘。上唇中间部分很厚。鼻孔在眼的前上方。眼小，下侧位，眼下缘在口角之下。眼间距宽阔。下咽齿平扁，齿面光滑。鳃孔大，鳃耙细密但不相连，鳃膜不与颊部相连。有鳃上器。鳞小。侧线完全，前段弯向腹方，臀鳍中部之后平直，后延至尾基正中。背鳍短，无硬刺，外缘略凹，其起点在腹鳍起点之后，至尾基较至吻端为近。胸鳍大，鳍条长，末端远超腹鳍基部。性成熟的雄鱼在胸鳍不分枝鳍条的外缘具尖利的细齿。雌性光滑无刺。腹鳍短小，末端不达臀鳍起点，其起点距胸鳍起点较距臀鳍为近。臀鳍无硬刺，鳍条较长，略呈三角形，起点距腹鳍起点较距尾基为近。尾鳍分叉很深，两叶末端尖。鳔分2室，前室粗短，后室长。腹膜黑色。活鱼背部及体侧上部为灰黑色，间有浅黄色光泽，腹部银白色，体侧有许多不规则的黑色斑点。

图3-5 鳙

 **06. 鲤**

Cyprinus carpio（Linnaeus, 1758）

【英　文　名】carp, common carp

【俗　　　名】鲤拐子、毛子、鲤子

【分类地位】鲤形目 Cyprinformes

鲤科 Cyprinidae

鲤亚科 Cyprininae

鲤属 *Cyprinus*

【栖息习性】底栖性鱼类。多生活于开阔水域的中下层，适应性强。

【摄食习性】杂食性鱼类。以软体动物、水生昆虫和水草为主食。

【繁殖习性】一般 2 冬龄达到性成熟。能在各种水域中繁殖，喜在水草丛生的浅水水域产卵繁殖。繁殖期在 3—6 月，分批成熟，分批产卵。卵黏性，附着在水草或其他物体上。

【形态特征】 体长中等，侧扁，背稍隆起，腹圆，体呈纺锤形，无腹棱。口亚下位，呈马蹄形。上颌包着下颌。须2对，吻须较短，颌须较长。眼中等大，侧上位。鳃膜与颊部相连。下咽齿3行，臼齿状。体被圆鳞。侧线完整，在腹鳍上方略弯，后延达尾基。背鳍基部甚长，外缘内凹，起点在腹鳍起点稍前上方，至吻端的距离较至尾基的距离为近，最后一根硬刺粗大，后缘有锯齿。胸鳍末端圆，不达腹鳍基部。腹鳍末端不达肛门。臀鳍短小，最后一根硬刺较大而坚实，后缘有锯齿，鳍末端可达尾鳍基部。尾鳍分叉较深，上、下叶对称。肛门靠近臀鳍。鳔分2室，前室大而长，后室末端尖。体色常随环境的变化而有较大的变异。活鱼通常金黄色，背部色深，腹部色浅。背鳍浅灰色，胸鳍、腹鳍橘黄色，臀鳍、尾鳍下叶呈橘红色。

图3-6 鲤

07. 鲫   *Carassius auratus auratus*（Linnaeus, 1758）

【英 文 名】crucian carp

【俗　　名】喜头、鲫瓜子（东北）、河鲫鱼（上海）、月鲫仔（广东）

【分类地位】鲤形目 Cyprinformes

鲤科 Cyprinidae

鲤亚科 Cyprininae

鲫属 *Carassius*

【栖息习性】广适性鱼类。适应性强，多生活在江河、外荡、池塘、山塘及沟渠等水体中，喜在水草丛生的浅水区栖息和繁殖。

【摄食习性】杂食性鱼类。食性较广，摄食水生植物和丝状藻等，亦食轮虫、枝角类、桡足类、水生昆虫、小型软体动物和虾类等。

【繁殖习性】1 冬龄即性成熟。繁殖季节为3—7月。鱼卵分批成熟，分批产卵。卵黏性，附着于水草及其他物体上。

【形态特征】　体高而侧扁，呈卵圆形。头短小。吻圆钝。口端位，呈弧形，斜向下方，唇较厚。无须。眼中等大，侧上位。眼间距较宽，突起。鳃膜与颊部相连。鳃耙较长，排列紧密。下咽齿第一齿锥形，其后各齿侧扁，咀嚼面倾斜下凹。背鳍外缘平直或微凹，基部较长，其起点位于吻端至尾鳍基部的中点，第三根硬刺粗大，后缘具有粗锯齿。胸鳍末端可达腹鳍的起点。腹鳍不达臀鳍。臀鳍基部较短，第三根硬刺粗大，后缘有锯齿。尾鳍分叉浅，上下叶末端尖。鳔分2室，后室较前室大。腹膜黑色。活鱼一般为银灰色，背部深灰色，体侧和腹部为银白色略带黄色，各鳍为灰色。

图3-7　鲫

08. 三角鲂　　　　　　　　　*Megalobrama terminalis*（Richardson, 1846）

【英　文　名】black Amur bream

【俗　　　名】鲂、鳊鱼、三角鳊、乌鳊

【分类地位】鲤形目 Cyprinformes

鲤科 Cyprinidae

鳊鱼亚科 Abramidinae

鲂属 *Megalobrama*

【栖息习性】中下层鱼类。喜栖息于江河、湖泊
的水流平缓、水面开阔处。冬季不

活动，在深潭越冬。

【摄食习性】杂食性鱼类。以水生维管束植物为
主食，兼食浮游动物，以及贝类与
有机腐屑。

【繁殖习性】3 龄性成熟。春夏繁殖，洪水时在
上游急流中产卵，产卵后返回中下
游生活。卵黏性，附着于水底岩石
等物体上。

【形态特征】　体高而侧扁，略呈长菱形。头较小而尖。腹棱不完全，自腹鳍至肛门。口裂弯曲呈马蹄形。上下颌具坚硬的角质边缘。眼间距较窄。尾柄较细长，尾柄长大于尾柄高。背鳍较高。鳔分 3 室，前室最大，但小个体的中室略大于前室。腹膜浅灰色。体背部黑色，侧面灰色，并带有浅绿色泽，腹面银白色，各鳍灰色。

图 3-8　三角鲂

09. 大眼华鳊　　　　　　　　　　　　　　　*Sinibrama macrops*（Günther, 1868）

【英 文 名】freshwater bream

【俗 　 　 名】大眼鲂、大眼鳊

【分类地位】鲤形目 Cyprinformes

　　　　　　鲤科 Cyprinidae

　　　　　　鲌亚科 Cultrinae

　　　　　　华鳊属 *Sinibrama*

【栖息习性】中下层鱼类。栖息于溪河岸边水

流缓慢的浅水中，夏季常成群活动于水体的中下层，冬季潜于水底越冬。

【摄食习性】杂食性鱼类。摄食岩石上附生的藻类和小鱼等，也食植物碎屑。

【繁殖习性】产卵期为 3—6 月间，在水流较急和有砾石底质的浅水区产卵。

【形态特征】 体侧扁,较高,背部在头后隆起。头小而尖,头长小于体高。口端位,口裂斜,上颌略长于下颌,后端达鼻孔下方。眼大,略大于或约等于吻长。眼间距宽而隆起。鼻孔每侧2个,位于吻端至眼前缘的中点。侧线在胸鳍上方略下弯,在臀鳍基部后端再向上弯至尾柄中线,直达尾鳍基部。腹棱自腹鳍基部至肛门。鳔分2室,形大,后室较长,末端圆钝。腹膜银白色,有稀疏的黑色小点。背部呈青灰色或黄褐色,向腹面色泽渐变淡。沿侧线上下方的每列鳞片具暗色斑点。背鳍、尾鳍和胸鳍浅灰色或浅黄色,背鳍上角和尾鳍边缘黑色,臀鳍和腹鳍无色。

图 3-9 大眼华鳊

10. 红鳍原鲌　　　　　　　*Cultrichthys erythropterus*（Basilewsky, 1855）

【英　文　名】redfin culter

【俗　　　名】短尾鲌、黄掌皮、红梢子、小白鱼

【分类地位】鲤形目 Cyprinformes

　　　　　　鲤科 Cyprinidae

　　　　　　鲌亚科 Cultrinae

　　　　　　原鲌属 *Cultrichthys*

【栖息习性】中上层鱼类。喜栖于水草繁茂的湖泊或江河的缓流区和沿岸带。幼鱼常群集在沿岸浅水区觅食。冬季潜入深水区越冬。

【摄食习性】凶猛肉食性鱼类。成鱼主要捕食小型鱼类，亦食少量水生昆虫、虾和枝角类等无脊椎动物。幼鱼则主要摄食枝角类、桡足类和水生昆虫。

【繁殖习性】一般 1 龄即可达性成熟。繁殖期在5—7月。产卵一般在静水环境、水草丛生的湖泊中进行。卵黏性。在生殖季，雄鱼头部、背部和胸鳍的鳍条上均分布有细小、白色的珠星，尤以头部为多。

【形态特征】 体延长，侧扁。头小，背缘平直或微凹。头后背部显著隆起。腹棱完全，自胸鳍至肛门。

体腹缘弯凸，在腹鳍基部处则向内凹进。口小，上位，口裂近垂直，下颌突出上翘。眼大，侧位。鼻孔下缘在眼上缘之上。侧线较平直，略向腹部弯曲。腹棱自胸鳍基部至肛门。背鳍硬刺后缘光滑，起点在腹鳍起点与臀鳍起点中点的上方，距尾基较距吻端为近或略相等。臀鳍起点在背鳍基部后端的后下方。胸鳍末端接近或刚达腹鳍起点。腹鳍起点稍前于背鳍起点，距胸鳍起点较距臀鳍起点为近。尾鳍分叉深。鳃耙细长而较坚硬，排列较密。鳔分 3 室，中室最大，后室极小，呈乳头状。腹膜银白色或银灰色，体背部银灰色，侧面和腹部银白色，体侧上半部每一鳞片后缘各有 1 个黑色小点。背鳍、尾鳍的上叶呈青灰色，腹鳍、臀鳍和尾鳍的下叶呈橙红色。

图 3-10 红鳍原鲌

11. 翘嘴鲌

Culter alburnus（Basilewsky, 1855）

【英　文　名】topmouth culter

【俗　　　名】条鱼、大白鱼、翘嘴巴、翘壳

【分类地位】鲤形目 Cyprinformes

鲤科 Cyprinidae

鲌亚科 Cultrinae

鲌属 *Culter*

【栖息习性】中上层鱼类。栖息于流水及大型水库敞水区，行动迅速，善跳跃。冬季在深水区越冬。

【摄食习性】凶猛肉食性鱼类。主要捕食其他小型鱼类。幼鱼以浮游动物为饵，稍长即过渡到以鱼为食。

【繁殖习性】一般 3 龄性成熟。江河湖泊中均能繁殖，春夏季涨水时在近岸产卵繁殖。卵微黏性，先附着于浮漂的水草或其他物体上，后脱落附着物继续发育。

【形态特征】 体较长，侧扁。头中大，顶平，头后背部稍隆起。体背平直，腹缘向下微作弧形。腹棱不完全，自腹鳍至肛门。口上位，口裂垂直，下颌上翘，突出于上颌之前。眼大。侧线较平直，纵贯于体侧中部下方。背鳍最后一枚硬刺强大，后缘光滑；背鳍起点在胸鳍基部和臀鳍起点之间的上方，偏近吻端。臀鳍长，起点与背鳍基部末端相对。胸鳍末端接近腹鳍。腹鳍末端不达肛门。鳃耙稀疏，细长而坚硬。下咽齿尖端呈钩状。鳔分3室，中室最大，后室最小，呈细长圆锥形，伸入尾部肌肉中。腹膜银白色。体背部和上侧部为灰褐色，腹部为银白色，各鳍灰色，末端和边缘灰黑色。

图 3-11 翘嘴鲌

12. 蒙古鲌

Culter mongolicus（Basilewsky, 1855）

【英 文 名】Mongolian redfin

【俗　　名】歪嘴鱼、红尾巴、红梢子、尖头红梢

【分类地位】鲤形目 Cyprinformes

鲤科 Cyprinidae

鲌亚科 Cultrinae

鲌属 *Culter*

【栖息习性】中上层鱼类。多生活在水流缓慢的河湾、湖泊。行动迅速，非繁殖期活动较分散，繁殖期常集群活动。冬季多集中在河流深处或大湖深潭越冬。

【摄食习性】凶猛肉食性鱼类。成鱼主要以小鱼和虾为食，也食一些水生昆虫、少量高等植物和其他甲壳动物。幼鱼则主食浮游动物和水生昆虫。

【繁殖习性】一般 2 龄性成熟。繁殖期一般在 5—7 月。在此期间雄性个体有大量珠星。产卵一般在流水中进行，但也有在沙质底湖中产卵的。卵黏性，分批产出，附着在石块或其他物体上，但黏性不强，易脱落附着物继续发育。产卵期间停止摄食或很少摄食。

【形态特征】　体延长，侧扁。头中大，钝尖，头部背面平坦而倾斜。头后背部斜平，微隆起。腹棱不完全，自腹鳍至肛门。口端位，口裂斜，后端伸至鼻孔后缘正下方。下颌稍突出，略比上颌长，中央略圆凸，与上颌中央的圆凹相吻合。眼小。鼻孔下缘与眼上缘在一条水平线上。侧线平直，中间微向腹部弯曲。腹棱自腹鳍基部至肛门。咽齿尖端呈钩状。背鳍最后一根硬刺粗大，后缘光滑；其起点在吻端与尾鳍基部的中点。臀鳍较长，起点在背鳍最后鳍条基部下方之后。胸鳍短，伸达胸、腹鳍间距的1/2至2/3处。腹鳍不达肛门。尾鳍分叉深。鳔分3室，中室最大，后室最小，呈细长圆锥形，向后伸入尾部肌肉中。腹膜银白色。体上半部浅棕色，下半部和腹部银白色。背鳍灰白色，胸鳍、腹鳍和臀鳍均为浅黄色，尾鳍上叶浅黄色，下叶橙红色。

图3-12　蒙古鲌

13. 银飘鱼 *Pseudolaubuca sinensis*（Bleeker, 1865）

【英 文 名】silver bream

【俗　　名】飘鱼、篮片子、篮刀片、薄削

【分类地位】鲤形目 Cyprinformes

　　　　　鲤科 Cyprinidae

　　　　　鲌亚科 Cultrinae

　　　　　飘鱼属 *Pseudolaubuca*

【栖息习性】上层鱼类。喜成群漂游在水体表层，因而得名"飘鱼"。

【摄食习性】杂食性鱼类。以小鱼、水生昆虫、浮游动物及植物碎屑等为食。

【繁殖习性】产卵期在 5—6 月。繁殖力强，绝对怀卵量在 3400 粒左右。

【形态特征】体长，头部和身体极扁薄，体背部轮廓平直。口端位，斜裂。下颌中央具丘突，与上颌中央的凹陷相吻合。眼大。体鳞较小。背鳍短小，无硬刺，最长鳍条约为头长之半。臀鳍基部长。尾鳍深叉，下叶稍长于上叶。侧线在胸鳍上方急剧向下弯曲，形成明显角度，延展于身体纵轴下方与腹部平行，至尾柄处再向上弯而转入尾柄中央。腹棱非常明显，自峡部一直到肛门。体背青灰色，腹部银白色。背鳍、臀鳍和尾鳍为灰黑色，胸鳍、腹鳍淡黄色。

图3-13　银飘鱼

14. 鲦

Hemiculter leucisculus（Basilewsky, 1855）

【英 文 名】sharpbelly

【俗　　名】条鲦、白条、硬颈鲦条

【分类地位】鲤形目 Cyprinformes

鲤科 Cyprinidae

鲌亚科 Cultrinae

鲦属 *Hemiculter*

【栖息习性】中上层鱼类。适应性强，在流水、静水中均能生长、繁殖。常群栖于水体沿岸区的上层，行动迅速。冬季潜入深水层越冬。

【摄食习性】杂食性鱼类。成鱼主食水生昆虫、水生高等植物、枝角类和桡足类等。幼鱼主食浮游动物、水生昆虫和软体动物等。

【繁殖习性】一般 1 龄即可达性成熟。生殖季节约在 5—7 月，怀卵量一般为8500—12000 粒。产卵场在水流缓慢或静水的浅水区域，产卵时有逆水跳滩的习性。卵黏性，分批产出，产出的卵黏附于水草或砾石上发育。在生殖季节，雄鱼头部出现白色的珠星。

【形态特征】 体长而侧扁。头尖，呈三角形。头、体背缘平直，腹缘弧形。腹棱完全，自胸鳍基部至肛门。口端位，门裂斜。下颌中央有1个丘突，与上颌中央的凹陷相吻合。侧线在胸鳍上方急剧向下弯折，形成明显的角度，然后沿腹侧后行至臀鳍基部后端，又向上弯折至尾柄中线，直达尾鳍基部。背鳍起点在尾基至鼻孔间的中点，最后一根硬刺后缘光滑。臀鳍起点在背鳍之后。胸鳍末端不达腹鳍。腹鳍起点在臀鳍起点与胸鳍起点的中点，末端远不达肛门。尾鳍分叉深，下叶略长于上叶。鳔分2室，后室较长，末端有1个附属小室。腹膜灰黑色。肠管较短，有2个弯曲，略短于或约等于体长。鳃耙稀疏，粗短，尖锐。背部青灰色，侧面和腹面银白色，尾鳍边缘灰黑色，其余各鳍均为浅黄色。

图3-14　鳘

 **15. 大鳍鱊**   *Acheilognathus macropterus*（Bleeker, 1871）

【英　文　名】largefin bitterling

【俗　　　名】大鳍刺鳑鲏、猪耳鳑鲏、五彩片、
石光皮

【分类地位】鲤形目 Cyprinformes

鲤科 Cyprinidae

鱊亚科 Acheilognathinae

鱊属 *Acheilognathus*

【栖息习性】中上层鱼类。栖息于静水或缓流、水草丛生的环境中。

【摄食习性】植食性鱼类。主要摄食藻类和植物碎屑。

【繁殖习性】1 龄性成熟。4—6 月为繁殖期。怀卵量 500—1000 粒，5 月前后产卵。生殖季节，雄鱼的吻端及眼眶上均有白色珠星，雌鱼具有灰色和较粗长的产卵管。

【形态特征】　体高而侧扁，呈卵圆形，背部显著隆起。头小而尖。口裂成弧形。口角有须1对，其长度小于眼径的1/2。吻短而钝。眼大，侧上位，眼径大于吻长。眼间距宽而平。下咽齿齿面有锯纹，末端尖而呈钩状。鳃耙短小。侧线完全，微作弧形，向后延至尾鳍正中。背鳍基部甚长，不分枝鳍条为光滑硬刺，起点距吻端与距尾基的距离约相等，鳍外缘略成弧状。胸鳍不达腹鳍。腹鳍不达臀鳍。肛门距腹鳍基部末端较距臀鳍基部为近。臀鳍不分枝鳍条也为光滑硬刺，起点在背鳍第六至八分枝鳍条的下方，鳍基甚长，外缘微突。尾鳍分叉较深，上、下叶对称。肛门约在腹、臀鳍起点中间。鳔分2室，前室短，后室明显延长，约为前室的2.2倍。腹膜黑色。肠较长，约为体长的5—6倍。

体背暗绿色，腹部黄白色。鳃盖后上方两侧第三至六枚侧线鳞稍上方，各有1个圆形黑斑。尾柄中线上向前伸出1条黑色斑条，后粗前细，直至第二个黑斑处消失。背鳍和臀鳍上各有3列黑点。臀鳍边缘白色，其余各鳍均为灰色。

图3-15　大鳍鱊

16. 彩副鱊

Paracheilognathus imberbis（Günther, 1868）

【英 文 名】Chinese bitterling

【俗　　　名】石包鱊

【分类地位】鲤形目 Cyprinformes

　　　　　　鲤科 Cyprinidae

　　　　　　副鱊属 *Paracheilognathus*

【栖息习性】中上层鱼类。喜集群，栖息于静水

或缓流、水草丛生的环境中。

【摄食习性】肉食性鱼类。主要摄食浮游动物。

【繁殖习性】繁殖期间，雌鱼具淡灰色产卵
管，雄鱼吻端和眼前上方有白色
珠星。

【形态特征】　体呈长椭圆形，甚侧扁，上下缘呈弧形。头短小，略呈三角形。吻短，前端圆钝。口端位，口裂呈马蹄形。上下颌等长。唇薄，光滑。无触须。眼大，位于头前半部。鼻孔小，位于眼前缘至吻端中点略偏后方。鳃耙短小，排列稀疏。下咽齿稍侧扁，齿面有锯纹。背鳍基部长，外缘平截，末根不分枝鳍条软，无硬刺，其起点位于体前半部分。胸鳍小，末端稍尖，后伸不达腹鳍起点。腹鳍小，末端尖，后伸超过臀鳍起点。臀鳍基部长，外缘平截，无硬刺，其起点与背鳍第五至六根分枝鳍条基部相对。尾鳍分叉深，上、下叶约等长。尾柄稍细长。鳞片大。侧线鳞完全，在体侧中部略向下弯曲呈弧形。体色为灰白色，背部灰黑色，鳃孔上角后方有一黑色斑块。体侧从背鳍下方直达尾柄中部有一明显的黑色纵带纹。生殖季节雄鱼体色艳丽，背、腹和臀鳍呈粉红色，外缘为白色。

图3-16　彩副鱊（图片来自网络）

17. 中华鳑鲏   *Rhodeus sinensis*（Günther, 1868）

【英 文 名】Chinese bitterling

【俗　　名】彩石鲋、菜板鱼、鳑鲏

【分类地位】鲤形目 Cyprinformes

　　　　　　鲤科 Cyprinidae

　　　　　　鱊亚科 Acheilognathinae

　　　　　　鳑鲏属 *Rhodeus*

【栖息习性】底栖鱼类。生活于江河、外荡、池塘、小溪及水田等静水、多草的水体中。

【摄食习性】植食性鱼类。主食藻类、水生植物碎屑等。

【繁殖习性】4—6 月繁殖。在繁殖季节，雄鱼吻端有许多白色粒状珠星，雌鱼产卵于蚌内。

【形态特征】体呈卵圆形,侧扁,腹部平圆。头小而尖。吻短而较尖,吻长与眼径约相等。口小,端位。口裂倾斜。口角无须。眼较大,侧上位。眼间距较宽而微突。鼻孔 1 对,距眼较距吻端为近。下咽齿齿形较扁,齿面有锯纹,末端呈钩状。侧线不完全,仅靠近头部 4—5 个鳞片上有侧线。背鳍无硬刺,基部较长,其起点距吻端与距尾基距离约相等。胸鳍侧前位,末端不达腹鳍。腹鳍起点稍在背鳍起点的前方,距臀鳍起点较距胸鳍起点为近,末端不达臀鳍。臀鳍无硬刺,其起点在背鳍末端之前方,鳍基较长,鳍末不达尾鳍。尾鳍分叉较深,上、下叶对称。鳔分 2 室,前室短,后室长。肠细长。背部深蓝色,腹部浅色,略带粉红。眼球上方橘红色。鳃孔后方的第一个侧线鳞上有一翠绿色斑点。尾柄中部有一翠绿色条纹,后粗前细,向前延至背鳍下方。各鳍均为淡黄色,背鳍前部有一黑斑,臀鳍边缘黑色,尾鳍上、下叶间有一橘红色纵纹。

图 3-17　中华鳑鲏

18. 花鳈 *Hemibarbus maculates*（Bleeker, 1871）

【英 文 名】spotted steed

【俗　　名】麻鲤、吉花鱼、鸡骨郎、鸡郎鱼

【分类地位】鲤形目 Cyprinformes

　　　　　　鲤科 Cyprinidae

　　　　　　鮈亚科 Gobioninae

　　　　　　鳈属 *Hemibarbus*

【栖息习性】中下层鱼类。栖息于水系干流及支流的中下游大溪，内河湖泊等水面开阔、水流平缓的水域。

【摄食习性】肉食性鱼类。主要摄食底栖动物和昆虫幼虫，喜小型软体动物。

【繁殖习性】2龄性成熟。春夏季4—5月在江河湖泊水流缓慢的水域中繁殖。卵黏性。

【形态特征】体较长，侧扁，背隆起稍呈弧形。腹部平圆，头稍大。吻圆锥形，稍扁平，前端圆钝突出，吻长较眼后头长稍短。口下位，呈马蹄形。唇较肥厚，下唇侧叶较狭，在颐部与中叶相连，中叶后缘有三角形的突出。唇后沟中断。口角有短须1对。眼较大，侧上位，眼眶上缘向头顶稍为突出。眼间距宽阔平坦。在眼眶骨上有1条黏液管。鳃膜与颊部相连。鳃耙长而粗，呈锥状。下咽骨发达粗壮。咽齿尖呈钩状。鳞大小中等，在腹鳍基部上方有腋鳞。侧线较平直。背鳍起点偏近吻端，位于背部最高点上，其最后的不分枝鳍条为粗大的硬刺，后缘光滑无细齿。胸鳍稍长，末端与背鳍起点上下相对。腹鳍较为短小，起点约与背鳍基部中点相对。臀鳍也较短小，起点在腹鳍起点与尾基之间的中点。尾叉形。肛门紧靠在臀鳍起点之前。背部灰黄褐色至体侧逐渐转淡。腹侧银白色。在侧线上方体侧，有一纵列10个左右的大型黑斑。此外尚有大小不等的黑色斑点，无规则地散在整个背部。在背鳍及尾鳍上有小黑斑组成的略有规则的黑色斑纹3—4行。

图3-18　花鳈

19. 棒花鱼

Abbottina rivularis（Basilewsky, 1855）

【英　文　名】Chinese false gudgeon

【俗　　　名】爬虎鱼、猪头鱼、稻烧蝦、沙锤

【分类地位】鲤形目 Cyprinformes

鲤科 Cyprinidae

鮈亚科 Gobioninae

棒花鱼属 *Abbottina*

【栖息习性】底层鱼类。栖息于静水的河流、湖泊、池塘及沟渠中底层。

【摄食习性】杂食性鱼类。主要摄食底栖动物、藻类及有机碎屑等。

【繁殖习性】4—5 月繁殖。繁殖时在水底泥沙中挖小窝作为产卵场所。雄鱼有筑巢、护巢习性。雄性个体前缘有 1 行粗大的珠星。

【形态特征】体延长，前部呈圆柱状，后部逐渐转细而侧扁。背部稍有隆起，呈低弧形，腹部平圆。头大适中，头顶较宽，外观壮实。吻较长，长度超过眼后头长，在吻的背侧，鼻孔前方陡然下陷，使吻前部略成扁平。吻端圆钝，稍向前突出。口下位，呈马蹄形。唇较肥厚，表面光滑无皱褶或乳突。下唇中叶为 1 对小型光滑的半球状突起所成。侧叶后端在口角与上唇相连。口角有须 1 对，短而粗，其长度与眼径相等。上、下颌光滑，无角质边缘。鳃膜与颊部相连。鳃耙短小，呈疣状突起。下咽齿顶端略呈钩状。鳞中等大小，侧线平直。背鳍起点偏近吻端，位于背部的最高处，其最后不分枝鳍条为软刺。外缘向外凸起呈弧形。胸鳍低位近腹侧，平展，其不分枝鳍条十分粗硬。腹鳍位置偏后，起点在背鳍基部中点的下方。臀鳍偏近尾基，起点在腹鳍基部至尾基之间的中点。肛门靠近腹鳍，位于腹鳍基部至臀鳍起点之间前方的 1/3 处。背部深黄褐色，至体侧逐渐转淡。腹部为淡黄色或乳白色。背部自背鳍起点至尾基有 5 个黑色大斑，体侧有 7—8 个。此外，在整个背部，自头至尾不规则地散布许多大、小黑点。在背鳍、胸鳍及尾鳍上，由小黑点组成比较整齐的横纹数行。在繁殖期体色转深，雄鱼更为明显。

图 3-19　棒花鱼

 **20. 麦穗鱼** *Pseudorasbora parva*（Temminck & Schlegel, 1846）

【英 文 名】stone moroko

【俗　　名】罗汉鱼、麦鸽郎、青梢子

【分类地位】鲤形目 Cyprinformes

　　　　　　鲤科 Cyprinidae

　　　　　　鮈亚科 Gobioninae

　　　　　　麦穗鱼属 *Pseudorasbora*

【栖息习性】上层鱼类。喜栖息于水流平缓的沿

岸多水草乱石区域。

【摄食习性】杂食性鱼类。以浮游动物及底栖动物为主要饵料，兼食藻类及腐屑。

【繁殖习性】1 冬龄性成熟。初夏 4—6 月产卵。卵黏性，附着于浮漂的草叶上。雄鱼常有守护行为。繁殖期，在雄鱼的吻部会出现粗大的珠星。

【形态特征】体长，侧扁，背部在头后明显隆起，呈弧形，腹部平圆。头较小。吻尖。口小，上位。下颌较长，突出在上颌前方，使吻部稍向上翘起。唇较薄，唇后沟中间断离。鳃膜与颊部相连。鳃耙细小稀疏。咽齿细小，顶端呈钩状。鳞较大。侧线完全，平直。背鳍起点偏近吻端，位于背部的最高点，其最后一根不分枝鳍条为软刺。胸鳍较短，末端距腹鳍起点相隔2行鳞片。腹鳍起点在背鳍起点的下方。臀鳍较为短小，起点与背鳍末端上下相对。尾叉形，分叉较浅。肛门靠近臀鳍起点前方。背部浅黑褐色，体侧渐渐转淡，腹部灰白色。体侧每个鳞片的基部黑色，其后缘浅色，呈环状的镶边。各鳍浅灰色。繁殖期体色明显加深。幼鱼呈浅灰黑色，体侧有1条较细的黑色纵纹。

图3-20　麦穗鱼

 # 21. 华鳈

Sarcocheilichthys sinensis（Bleeker, 1871）

【英　文　名】Chinese lake gudglon

【俗　　　名】花石鲫、花季郎、花石斑

【分类地位】鲤形目 Cyprinformes

　　　　　　鲤科 Cyprinidae

　　　　　　鮈亚科 Gobioninae

　　　　　　华鳈属 *Sarcocheilichthys*

【栖息习性】中下层鱼类。栖息于河流湖泊及溪流中水流平缓开阔的水域。

【摄食习性】杂食性鱼类。主要摄食底栖动物、藻类及植物腐屑等。

【繁殖习性】1冬龄性成熟。5—6月为繁殖期。繁殖时期，雄性的吻部出现珠星，雌性的产卵管延伸腹外。

【形态特征】　体长侧扁，较高而粗壮。在头部的后方，背显著隆起呈弧形。尾柄较短。腹部圆形。头较小。吻短而尖钝，稍向前突出。口下位，较狭，呈马蹄形。唇较肥厚，下唇侧瓣短小，位于口角一隅。唇后沟极短，在颐部断离，留有宽阔的间隔。下颌有锐利的角质边缘。口角有短须1对，十分短小。鳃膜与峡部相连，鳃耙短小疏朗。下咽齿顶端呈钩状。鳞大小中等，有较小的腋鳞。侧线平直。背鳍位置偏近吻端，起点在背部隆起的最高点上，其最后不分枝鳍条基部骨化为硬刺，上半仍为软刺。胸鳍较长，末端达背鳍起点下方。腹鳍位置较后，与胸鳍末端相隔2行鳞片，起点在背鳍第三分枝鳍条的基部下方。臀鳍起点位于背鳍末端的下方。尾叉形。肛门位于腹鳍基部与臀鳍之间，距腹鳍基部2/3处。背部深黄褐色，体侧逐渐转淡，至腹部为浅黄白色。体侧有4条深黑色垂直横斑。各鳍灰黑色，在鳍的外缘色调转淡而呈镶边状。

图3-21　华鳈

22. 马口鱼 *Opsariichthys bidens*（Günther, 1873）

【英 文 名】Chinese hooksnout carp

【俗　　名】大口扒、红车公、桃花鱼

【分类地位】鲤形目 Cyprinformes

鲤科 Cyprinidae

马口鱼属 *Opsariichthys*

【栖息习性】上层鱼类。栖息于溪流与河流支流中水流较急和沙砾浅滩水体中，喜低温水流。通常集群活动，常与鱲鱼一起游泳、生活。

【摄食习性】肉食性鱼类。以摄食小鱼、水生昆虫和甲壳动物为主。

【繁殖习性】1 冬龄性成熟。6—8 月为繁殖期。在较急的水流中产卵。繁殖期雄鱼的头部、胸鳍及臀鳍会出现明显的白色珠星。

【形态特征】　体长而侧扁，腹部圆。吻长，口大。口裂，向上倾斜。下颌后端延长至眼前缘，前端凸起，两侧各有1个凹陷，恰与上颌前端和两侧的凹凸处相嵌合。眼中等大。侧线完全，前段弯向体侧腹方，后段向上延至尾柄正中。雄鱼在繁殖期出现"婚装"，臀鳍第一至四根分枝鳍条特别延长，全身具有鲜艳的婚姻色。口角有1对短须。鳞细密，侧线在胸鳍上方显著下弯，沿体侧下部向后延伸，于臀鳍之后逐渐回升到尾柄中部。背鳍短小，起点位于体中央稍后，且后于腹鳍起点。胸鳍长。腹鳍短小。臀鳍发达，可伸达尾鳍基。尾鳍深叉。体背部灰黑色，腹部银白色，体侧有浅蓝色垂直条纹，胸鳍、腹鳍和臀鳍为橙黄色，繁殖期雄鱼头下侧、胸腹鳍及腹部均呈橙红色。

图 3-22　马口鱼

 **23. 宽鳍鱲**　　　　　　　　*Zacco platypus*（Temminck & Schlegel, 1846）

【英 文 名】freshwater minnow

【俗　　名】桃花鱼

【分类地位】鲤形目 Cyprinformes

　　　　　　鲤科 Cyprinidae

　　　　　　鱲属 *Zacco*

【栖息习性】上层鱼类。多生活在清澈的溪流与河流支流中，栖息于水流较急的浅滩水体中。

【摄食习性】杂食性鱼类。以摄食甲壳类为主，亦食小鱼、藻类与有机碎屑等。

【繁殖习性】1 冬龄性成熟。4—6 月为繁殖季节。繁殖季节雄体头部、吻部、臀鳍条上会出现许多珠星。

【形态特征】 体长而侧扁，腹部圆。头短。吻钝。口端位，稍向上倾斜。唇厚。眼较小。鳞较大，略呈长方形，在腹鳍基部两侧各有1片向后伸长的腋鳞。侧线完全，在腹鳍处向下微弯，过臀鳍后又上升至尾柄正中。生殖季节雄体出现"婚装"，臀鳍第一至四根分枝鳍条特别延长，全身具有鲜艳的婚姻色。生活时体色鲜艳，背部呈黑灰色，腹部银白色，体侧有12—13条垂直的黑色条纹，条纹间有许多不规则的粉红色斑点。腹鳍为淡红色，胸鳍上有许多黑色斑点。背鳍和尾鳍呈灰色，尾鳍的后缘呈黑色。

图 3-23　宽鳍鱲

 **24. 圆吻鲴**

Distoechodon tumirostris（Peters, 1880）

【英　文　名】round snout

【俗　　　名】青片、扁鱼

【分类地位】鲤形目 Cyprinformes

鲤科 Cyprinidae

鲴亚科 Acheilognathinae

圆吻鲴属 *Distoechodon*

【栖息习性】中下层鱼类。栖息于河流、湖泊等淡水水体中。

【摄食习性】杂食性鱼类。主要摄食周丛生物，包括丝状硅藻、蓝藻、绿藻，亦食细菌、有机碎屑，以及少量浮游动物、水生昆虫等。

【繁殖习性】2冬龄性成熟。繁殖期为每年的5—8月，其中5月份为繁殖盛期。产卵水温为18—25℃。分批产卵，卵黏性。

【形态特征】　体略侧扁。腹部圆，无腹棱。吻钝，向前突出。口极宽，横裂。下颌具锐利而发达的角质边缘。背鳍末根不分枝鳍条为硬刺，其长度短于头长。胸鳍不达腹鳍。臀鳍起点紧靠肛门。下咽齿2行。侧线完全，侧线鳞72—82条。尾柄宽大，尾鳍中间截形，两边缘斜上翘，呈新月牙形。背部体色微黑，腹部淡白色，体侧有10—11条黑色斑点组成的条纹，背、尾鳍青灰色，鳍缘灰黑，其他各鳍色较淡，呈淡橘黄色。

图3-24　圆吻鲴（图片来自网络）

25. 大鳞副泥鳅 *Paramisgurnus dabryanus*（Dabry et Thiersant, 1872）

【英 文 名】weatherfish

【俗 名】大泥鳅、红泥鳅

【分类地位】鲤形目 Cyprinformes

鳅科 Cobitidae

副泥鳅属 *Paramisgurnus*

【栖息习性】底层鱼类。喜栖于浅水水域的底层或底泥中，特别以池塘、沟渠和稻田为多。可在低氧环境下长时间生存。

【摄食习性】杂食性鱼类。主要摄食植物性饵料，亦摄食腐殖质、水蚯蚓、水生昆虫幼虫等。

【繁殖习性】1 冬龄性成熟。繁殖盛期为 5 月下旬至 6 月下旬。分批产卵。

【形态特征】 体近圆筒形。头较短。口下位，马蹄形。下唇中央有一小缺口。鼻孔靠近眼。眼下无刺。鳃孔小。头部无鳞，体鳞较泥鳅为大。侧线完全。须5对。眼被皮膜覆盖。尾柄处皮褶棱发达，与尾鳍相连。尾柄长与高约相等。尾鳍圆形。肛门近臀鳍起点。体背部及体侧上半部灰褐色，腹面白色。体侧有许多不规则的黑色、褐色斑点。背鳍、尾鳍具黑色小点，其他各鳍灰白色。

图3-25 大鳞副泥鳅（图片来自网络）

 **26. 泥鳅**

Misgurnus anguillicaudatus（Cantor, 1842）

【英 文 名】pond loach

【俗　　名】鳅

【分类地位】鲤形目 Cyprinformes

鳅科 Cobitidae

泥鳅属 *Misgurnus*

【栖息习性】底层鱼类。栖息于河流、湖泊、沟渠、水田、池沼等各种浅水多淤泥环境水域的底层。昼伏夜出，适应性强，可生活在腐殖质丰富的环境内。水中缺氧时，能跳跃到水面吞入空气进行肠呼吸。在水池干涸时，潜入泥中，只要泥土有少量水分保持湿润，便不致死亡。

【摄食习性】摄食淤泥中藻类等底栖生物，也取食浮游动物。

【繁殖习性】2龄性成熟。4—9月都能进行繁殖。卵黄色圆形，半黏性。对繁殖生态条件要求不严，在各种水域都能繁殖。性成熟后，两性在形态上略有不同。雌鱼由于怀卵鱼体较为肥大，胸鳍短小，无珠星出现。雄鱼鱼体清瘦，胸鳍尖较长，有少数珠星。

【形态特征】　体长，前部呈圆柱状，尾部侧扁。头锥形。眼小，上侧位，无眼下刺。口下位，呈马蹄形。

有须5对，最长一对颌须，向后延伸可达眼前缘下方。鼻孔近眼前缘。背鳍位于体中点后方较近尾基。胸鳍较短，末端远离腹鳍。腹鳍末端不达臀鳍，臀鳍起点在背鳍倒伏后末端下方，距腹鳍起点较近。尾鳍圆形。鳞细小，埋于皮下，侧线不完全。尾柄上下有较发达的皮褶。体色随生活环境而变。一般背部深灰色或褐色，腹部浅黄色或灰白色。在尾鳍基部上角有1块黑斑。背鳍及尾鳍有较密黑色小点。余鳍灰白色。

图3-26　泥鳅

 **27. 乌鳢**

【英 文 名】snakehead

【俗　　名】乌鱼、黑鱼、才鱼、乌棒

【分类地位】鲈形目 Perciformes

鳢科 Channidae

鳢属 *Channa*

【栖息习性】底层鱼类。栖息于河流、湖泊、池塘、水库、沼泽等各类淡水水体的静水区域，或有微流水的水草区。

【摄食习性】凶猛肉食性鱼类。主要摄食鱼、虾、青蛙等动物。幼鱼以浮游动物为食。

【繁殖习性】繁殖期为 5—7 月。在产卵前，亲鱼先在水草丛中构筑简单鱼巢而后产卵其中。卵浮性，黏结成团。亲鱼在产卵后，即守护在卵团附近，如遇外来侵扰，即猛烈反击。孵出幼鱼后，亲鱼继续加以保护，驱赶幼鱼鱼群到水域各处觅食。幼鱼生长到体长 50—80 mm 时，就开始捕食小鱼、小虾，鱼群分散，亲鱼离去，不再守护。

【形态特征】　体延长，前部圆柱形，后部渐转侧扁。头部较长，略呈楔状。头顶宽而平。吻极短，宽而扁，前端圆钝。口极大，端位，口裂向后延伸超越眼后。下颌稍向前凸出，上、下颌及口盖骨上都有尖锐的细齿。前后鼻孔相隔较远，前鼻孔为一短管，紧靠于上唇后方，后鼻孔在眼的前缘。眼较小，侧上位。眼间距较宽，微有隆起。鳃膜越过颊部相互连接。鳃耙低小如疣状突起。体被圆鳞，鳞较小，头部的鳞片形状稍不规则。侧线起于鳃孔后上角，斜向后下方延伸，至臀鳍起点上方沿体侧中间延伸至尾鳍基部。背鳍极长，自头部后方延伸至尾基。胸鳍较宽大，下侧位略呈扇形，末端超过腹鳍基部之后，腹鳍次胸位。臀鳍很长，其起点在吻端至尾基之间的中点，末端接近尾基。尾鳍圆形，肛门位于臀鳍起点前方。体灰黄黑色，有青黑色斑块，在体侧中间2行较大，近背腹两侧较小，斑块排列成相互交叉嵌合。头部有3条深色纵条，上侧1条自吻端越过眼眶伸至鳃孔上角，下面2条自眼下方沿头侧至胸鳍基部。背鳍、臀鳍及尾鳍上都有浅色斑点。胸鳍及腹鳍灰黑色。

图3-27　乌鳢

28. 河川沙塘鳢   *Odontobutis potamophila*（Günther, 1861）

【英 文 名】river sleeper

【俗　　名】土布鱼、塘鳢、沙乌鳢、虎头鱼

【分类地位】鲈形目 Perciformes

　　　　　　塘鳢科 Eleotridae

　　　　　　沙塘鳢属 *Odontobutis*

【栖息习性】底层鱼类。生活于江河、湖泊多草的低洼处，喜栖洞穴、石缝等有水流的区域。潜伏于泥沙石砾间越冬。

【摄食习性】肉食性鱼类。成鱼以小虾为主食，兼食小型鱼类和水生昆虫的幼虫。

【繁殖习性】繁殖期为4—6月，多在背风的湖湾内繁殖。产卵前亲鱼先选择石砾间隙等作为产卵活动的集穴。卵黏性，受精卵黏附于巢穴的内壁上。雌鱼产卵后即离去，由雄鱼来护卵，至幼鱼孵出。

【形态特征】 体延长，前部粗壮，后部稍侧扁。头大，稍平扁。吻圆钝。口近端位，口裂斜。下颌突出。颌齿细尖，呈绒毛状，列成带状。犁骨无齿。舌大，前端圆形。前鼻孔呈短管状，近吻端；后鼻孔圆形，靠近眼前。眼小，眼间距稍宽。前鳃盖骨边缘光滑无棘。第一背鳍倒伏时近第二背鳍。胸鳍宽圆。腹鳍胸位。肛门靠近臀鳍。尾鳍圆形。体被栉鳞，头部被圆鳞，无侧线。体棕褐色乃至暗褐色。有 3—4 个鞍形斑横跨背部至体侧。头胸部腹面有许多浅色点斑或点纹。第一背鳍有 1 个浅色斑块，其余各鳍均有暗色点列。胸鳍基部有 2 个暗色粗短纵斑。尾鳍基底有时具 2 个黑色斑块。

图 3-28 河川沙塘鳢

29. 中华乌塘鳢 *Bostrichthys sinensis*（Lacepede, 1801）

【英 文 名】foureyed sleeper

【俗　　名】涂鱼、泥鱼、乌鱼、涂鳗

【分类地位】鲈形目 Perciformes

　　　　　　塘鳢科 Eleotridae

　　　　　　乌塘鳢属 *Bostrichthys*

【栖息习性】近岸暖水鱼类。常栖息于沿海滩涂及河口淡水水域，喜穴居。对环境具有较强的适应性，可靠鳃上器和皮肤进行气体交换。

【摄食习性】凶猛肉食性鱼类。主要摄食小型鱼虾、蟹和无脊椎动物等。

【繁殖习性】5—6月为繁殖盛期。

【形态特征】 体延长,前部肥壮,近圆柱形,后部侧扁。头大,吻圆钝。口端位,上、下颌约等长,或下颌稍长。颌齿细小,呈带状排列。犁骨上有细锥状齿,排列成丛。舌宽,前端略圆。眼小,眼间距较宽。前鼻孔紧邻上唇,为短管垂悬于上唇;后鼻孔为粗大短管,紧邻眼缘前上方。前鳃盖骨边缘光滑无棘。颊部肌肉发达。背鳍较低。胸鳍宽圆。腹鳍较短,分离。臀鳍起点落后,约在第二背鳍第四分枝鳍条的下方。尾鳍圆形。肛突薄而宽扁。体被小圆鳞,头部也疏落地被有少数圆鳞。体黑褐色,腹面浅色。尾鳍基底上端有 1 块镶灰白色边缘的黑色眼状斑。第一背鳍基底及上缘各有 1 列暗色纵带;第二背鳍有数条暗褐色纵纹。尾鳍上有数个暗褐色点列。其余各鳍淡褐色,臀鳍较深。

图 3-29 中华乌塘鳢

30. 圆尾斗鱼　　　　　　　　　　　*Macropodus ocellatus*（Cantor, 1842）

【英　文　名】roundtail paradisefish

【俗　　　名】火烧鳉鲅、红眼鳉鲅、菩萨鱼、
斗鱼

【分类地位】鲈形目 Perciformes

丝足鲈科 Osphronemidae

斗鱼属 *Macropodus*

【栖息习性】淡水鱼类。栖息于河流湖泊及池塘
和沟渠中，活动于沿岸水草丛生、
水流平缓区域。性好斗。能吞吸空
气，利用口腔内表皮进行呼吸。

【摄食习性】以浮游动物为主食，尤其是大量捕
食孑孓。

【繁殖习性】5—6月为繁殖期。产卵前亲鱼在漂
浮的水草间吐出许多泡沫为鱼巢，
卵就产在泡沫中，幼鱼孵化后亲鱼
离去。

【形态特征】　体较短，侧扁，略呈方形。头较大而尖。吻短而尖。口上位。下颌稍突出于上颌前方，口裂向下倾斜。唇发达。上、下颌有细齿。鼻孔分离较远，前鼻孔靠近上唇，后鼻孔在眼前缘上方。前鳃盖骨的下缘有细锯齿，鳃膜跨越颊部相互连接。全体被有大型栉鳞。背鳍和臀鳍的基部都被有鳞鞘。尾鳍基部也被有小型鳞片。背鳍与臀鳍的起点上下相对，基部末端都紧靠尾基，而臀鳍更为接近；两鳍前部由多数硬棘组成，后部由少数分枝鳍条构成，在前面的几根分枝鳍条特别延长，长度可达尾鳍末端，而雄鱼则常超越尾鳍甚远。胸鳍下侧位，略呈椭圆形。腹鳍胸位，其第一枚分枝鳍条特别延长，而雄鱼较雌鱼更长。尾柄极短，尾鳍圆形。肛门在臀鳍起点前方。鱼体灰黄褐色，体侧有 10 条上下的暗色圆斑，在繁殖期横斑呈青蓝色，平时模糊不清或消失难辨。在鳃盖的后上方有 1 块大型蓝色圆斑。眼后下方有 2 条暗色斜纹，延伸至鳃盖的边缘。背鳍、臀鳍及尾鳍呈浅的暗棕红色，各鳍的鳍膜有蓝绿色的小点散布其上。在延长的鳍条上饰有蓝绿色的镶边。在繁殖期这些斑点及镶边的色彩格外鲜艳醒目，雄鱼尤为鲜丽。

图 3-30　圆尾斗鱼（图片来自网络）

31. 叉尾斗鱼 *Macropodus opercularis*（Linnaeus, 1758）

【英　文　名】forktail fightingfish

【俗　　　名】烧火佬、火烧鳊

【分类地位】鲈形目 Perciformes

　　　　　　丝足鲈科 Osphronemidae

　　　　　　斗鱼属 *Macropodus*

【栖息习性】上层鱼类。多生活在缓流水或静水等浅水区域。性好斗，喜阴，喜隐匿，可从空气中直接吞吸氧气。

【摄食习性】肉食性鱼类。主要摄食水生昆虫幼体。

【繁殖习性】繁殖季节为4—8月。卵浮性。雄鱼有护卵行为。

【形态特征】 体形略侧扁。头略尖。眼黄色，瞳孔黑色，眼部有 1 道横的细短黑纹。鳃盖上有 1 块蓝色盖斑，雄鱼的盖斑较明显。背鳍与臀鳍基部长，两鳍呈深蓝色，有浅蓝色或白色边缘。背鳍有 3—5 根延长分枝鳍条。腹鳍胸位，第二根鳍条分节且延长。尾鳍红色，呈叉状。雄鱼成熟后背鳍、臀鳍、尾鳍末端修尖，多数个体鳍端会有细长拉丝，尾部叉状明显，呈鲜艳红色并有蓝色斑点，拉丝末段呈浅蓝色，雌鱼各鳍无明显修尖，腹部微凸。

图 3-31 叉尾斗鱼（图片来自网络）

32. 中华刺鳅 *Sinobdella sinensis*（Bleeker, 1870）

【英　文　名】Chinese opiny eel

【俗　　　名】钢鳅、刀鳅、石锥

【分类地位】鲈形目 Perciformes

刺鳅科 Mastacembelidae

刺鳅属 *Sinobdella*

【栖息习性】底栖鱼类。栖息于河道、池塘、溪流、水流平缓多水草的浅水区。

【摄食习性】杂食性鱼类。以水生昆虫和小型鱼虾为食。

【繁殖习性】1龄性成熟。产卵期为6—7月。

【形态特征】 体延长，呈鳗形。体前部圆柱形，后部转侧扁，头侧扁尖长。吻长而尖，吻端有游离状皮褶，向下伸出呈钩状。口裂很深，延至眼前缘的下方，上颌长于下颌。上下颌均具绒毛状齿带。眼侧上位，位于头的前半部，有透明皮膜覆盖。眼间距狭小而向上隆起。眼前下方，有1根硬刺，刺尖向后。鼻孔前后分离，前鼻孔近吻端，后鼻孔在眼前方。鳃孔大，鳃膜与颊部分离。全身光滑被细小鳞片，在侧线下侧面比较明显。背鳍基部极长，与尾鳍相连。背鳍硬棘各个游离。臀鳍硬棘也各个分离。鳍末端也与尾鳍相连。尾鳍小，呈长圆形，末端略尖。腹鳍退化消失。胸鳍短小，略呈圆形。肛门靠近臀鳍。腹膜灰色。背部黑褐色，两侧灰黑色，腹部淡黄色，背、腹部有许多网状花斑。两侧有10多条垂直黑斑。胸鳍淡黄色，其他各鳍灰黑色，有时有不规则白斑。鳍缘常镶有灰白色边。

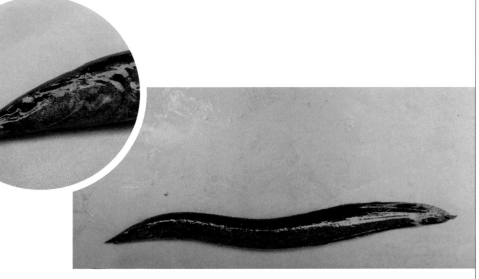

图3-32 中华刺鳅

33. 鲇 *Silurus asotus*（Linnaeus, 1758）

【英　文　名】catfish, oriental sheatfish

【俗　　　名】土鲇、鲇鱼、塘虱鱼

【分类地位】鲇形目 Siluriformes

鲇科 Siluridae

鲇属 *Silurus*

【栖息习性】中下层鱼类。适应性强，栖息于缓流河段和静水水域中。日间潜居于缝隙、洞穴中，夜间活动。

【摄食习性】凶猛肉食性鱼类。气温越高，摄食量越大。阴天和夜间活动频繁，仅靠嗅觉和 2 对触须摄食鰕虎、鲚、麦穗鱼、泥鳅、鲫鱼等小鱼，也捕食青蛙、虾及水生昆虫等。

【繁殖习性】1 龄性成熟。怀卵量依鱼体大小不同。体长 30—40 cm 的雌鱼，怀卵 2 万—3 万粒。4—6 月为产卵繁殖期。在稍有流速的水草浅滩中产卵。卵黏性。幼鱼就地生长发育。

【形态特征】 体延长，前部粗壮，尾部侧扁。头短而扁，其宽大于体宽，头顶光滑。吻短而钝。口上位。口裂大，呈弧形。上颌短于下颌，上颌末端达眼的中部下方。上、下颌及犁骨上有新月形的绒毛状齿带。眼小，侧上位，位于头的前部。眼间距宽而平。鼻孔前后分离，前鼻孔呈小管状，近吻端；后鼻孔呈平眼状，位于眼内侧的稍前方。须2对，颌须很长，末端远远超过胸鳍起点，颐须较短，不及颌须长的1/3。鳃孔大，鳃膜不与颊部相连，鳃耙短而稀疏，末端较尖。侧线完全，较平直，侧线上有1列黏液孔。体裸露，无鳞。背鳍短小，无硬棘，前位，距尾基约为距吻端距离的2.5倍。胸鳍呈圆形，有发达的硬棘，其前缘有明显的锯齿。腹鳍小，末端可达臀鳍起点。臀鳍基部甚长，末端与尾鳍相连。尾鳍较短，分叉处稍有下凹。肛门近臀鳍。鳔只1室，短而宽。腹膜无色。肠管较短，肠长为体长的0.7—0.9倍。体背部及两侧为深灰黑色，腹部白灰色。背、臀鳍及尾鳍灰黑色，胸、腹鳍灰白色。

图3-33　鲇

34. 黄颡鱼　　　　　　　　　　　　*Pelteobagrus fulvidraco*（Richardson, 1846）

【英 文 名】yellow catfish

【俗　　 名】黄腊丁、黄骨鱼、江颡、央丝

【分类地位】鲇形目 Siluriformes

　　　　　　鲿科 Bagridae

　　　　　　黄颡鱼属 *Pelteobagrus*

【栖息习性】底层鱼类。适应性强，生活于江河、
湖泊、溪流、池塘各种水体底层。
白天潜居洞穴或石块缝隙内，夜出
活动觅食。

【摄食习性】杂食性鱼类。主食螺、蚬、各种昆
虫幼虫、水蜘蛛、小虾及小型动物，
亦食苦草、马来眼子菜、聚草及高
等植物碎屑。

【繁殖习性】2 龄性成熟。5—7 月产卵繁殖。卵
黄色，黏性。怀卵量随体长的增长
而增加，一般为 1000—3000 粒。
产卵时，雄鱼游到沿岸水草茂密的
淤泥处，用胸鳍在泥底旋转，筑成
卵穴，雌性产卵于内。雄鱼有护卵
习性。刚孵出的小鱼全身黑色，形
若蝌蚪。

【形态特征】体延长,前部粗壮,后部转侧扁,背隆起,腹圆平。头较大,稍平扁,皮膜较厚,枕骨突显。吻较短,圆钝,稍凸出。口下位,浅弧形。唇肥厚,上颌稍长于下颌。上、下颌及腭骨均有绒毛状细齿,前者列成带状,后者为新月形。有须4对,颌须最长,末端可伸达胸鳍基部或稍超越。眼较小,侧上位,有游离眼睑。鼻孔分离,前鼻孔呈短管状,近吻端;后鼻孔呈隙缝状,在眼前。鳃孔大,鳃膜不与颊部相连。鳃耙短小。体裸露无鳞。侧线完全,平直,后延至尾基。肛门位于臀鳍起点前方。背鳍基部较短,其不分枝鳍条为硬棘,前缘光滑,后缘有锯齿,背鳍起点至吻端距离较至尾鳍基部为近。腹鳍较短,其起点约与臀鳍相对,末端游离。胸鳍略呈扇形,末端未达腹鳍。胸鳍棘发达,较背鳍棘略长,前缘有30—45枚细小锯齿,后缘有9—17枚粗锯齿。腹鳍在背鳍后下方,鳍末可达臀鳍。尾鳍分叉甚深,上、下叶对称。肛门距腹鳍较距臀鳍近。鳔只1室,心形。腹膜银白色,略带金色光泽。肠管较短,约与体长相等。体背部黑褐色,两侧黄褐色,并有3块断续的黑色条纹,腹部淡黄色,各鳍灰黑色。

图3-34　黄颡鱼

 **35. 黄鳝**　　　　　　　　　　　　　　　　　　　*Monopterus albus*（Zuiew, 1793）

【英 文 名】Asian swamp eel

【俗　　名】鳝鱼、罗鳝、黄鳝

【分类地位】合鳃目 Synbranchiformes

合鳃科 Synbranchidae

黄鳝属 *Monopterus*

【栖息习性】底栖鱼类。多在沿岸石隙、泥岸自钻洞穴潜居，或栖息于河面草滩。鳃十分退化，以咽头皮肤黏膜直接呼吸空中氧气，离水后可长时间存活。

【摄食习性】肉食性鱼类。多在夜间外出觅食，捕食小鱼、虾、蚯蚓、青蛙及蝌蚪等各种小动物。

【繁殖习性】雌雄同体，有特殊的性腺逆转现象。2龄前所有个体均雌性，在产卵后，卵巢退化而转变为精巢，变为雄性个体，3—5龄为性别转换阶段。每年春末到仲夏为繁殖季节，亲鱼在栖居洞口吐出成堆白色泡沫聚成鱼巢，然后产卵其中。怀卵量200粒左右，分批产卵。

【形态特征】　体圆形细长，鳗形。尾较短。末端尖细。头较大，略呈锥形。吻较长而突出。口大，端位。口裂深。上颌稍突出，颌骨后延起过眼后缘。上下颌及鳃盖骨上有绒毛状细齿。眼小，侧上位，为皮膜所覆盖。鼻孔前后分离，前鼻孔位于吻端，后鼻孔近眼前缘。鳃孔较小，左右鳃孔在腹而合为一体，开口于腹面，鳃裂呈"八"字形。体光滑无鳞，多黏液。侧线完整，较平直，侧线孔不明显。无胸鳍、腹鳍。背鳍、臀鳍和尾鳍均退化，成为不发达的皮褶。鳔退化。肠甚短，仅为体长的1/2左右。腹膜褐色。侧线以上灰黑色，以下黄褐色。全身散布不规则的斑点，腹部灰白色，间有不规则的黑色斑纹。

图3-35　黄鳝

 **36. 中国花鲈**   *Lateolabrax maculatus*（McClelland, 1844）

【英 文 名】Chinese sea perch, spotted sea perch

【俗　　名】鲈鱼、花鲈、板鲈、海鲈鱼

【分类地位】鲈形目 Perciformes

真鲈科 Percichthyidae

鲈属 *Lateolabrax*

【栖息习性】中下层广盐鱼类。喜栖息于河口咸淡水处，也能生活于淡水中。

【摄食习性】肉食性鱼类。性凶猛，食物以活体动物为主，有同类互食现象。

【繁殖习性】3—6 龄达性成熟。每年早春在河口产卵。卵浮性。4 月左右在河口一带出现鱼苗，幼鱼有成群溯河的习性，但不做远距离洄游。

【形态特征】　体延长，侧扁。头中大。口端位，大而斜裂。下颌长于上颌，上颌骨末端伸达眼后缘的下方。上下颌、犁骨及腭骨均具细齿。眼中大，侧上位。前鳃盖骨后缘具细锯齿，隅角处 3 个呈棘状锯齿。鳃盖骨棘齿扁平。体被小栉鳞。侧线完全。前后背鳍在基部稍有相连。胸鳍较小。腹鳍胸位。尾鳍浅分叉。体背部灰色，两侧及腹部银白色。体侧上部及前背鳍有不规则的黑色斑点，常随年龄的增长而逐渐模糊。后背鳍及尾鳍边缘浅灰色。

图 3-36　中国花鲈

37. 食蚊鱼   *Gambusia affinis*（Baird et Girard, 1853）

【英 文 名】mosquitofish

【俗　　名】柳条鱼、大肚鱼

【分类地位】鳉形目 Cyprinodontiformes

　　　　　　花鳉科 Poeciliidae

　　　　　　食蚊鱼属 *Gambusia*

【栖息习性】上层鱼类。喜栖息于小河、沟渠、稻田等静水水体中。

【摄食习性】主要摄食昆虫、浮游生物，特别喜好摄食子孑。

【繁殖习性】1 月左右即性成熟。繁殖期为 3—11 月，1 年繁殖 3—7 次。卵胎生。

【形态特征】　体长形，略侧扁，腹部明显鼓胀。口小，前上位。齿细小。吻尖。眼大。体被圆鳞，无侧线。背鳍基部短，始于臀鳍基部后上方。臀鳍基部短。尾鳍宽大，后缘圆形。体色为金中带绿色。

图 3-37　食蚊鱼（图片来自网络）

38. 青鳉　　　　　　　　　　　　　*Oryzias latipes*（Temminck et Schlegel, 1846）

【英 文 名】Japanese rice fish

【俗　　名】稻田鱼、米鳉、万年鲹

【分类地位】鳉形目 Cyprinodontiformes

　　　　　　异鳉科 Adrianichthyidae

　　　　　　青鳉属 *Oryzias*

【栖息习性】上层鱼类。栖息于河流、湖泊、池塘、沟渠及水田等水流平缓的水域，在水面群集游动。冬季在较深水底潜伏越冬。

【摄食习性】捕食小型无脊椎动物，尤喜吞食孑孓。

【繁殖习性】1年多次产卵。春夏季开始繁殖，分批产卵至秋季。每产10余粒卵，卵附着于母鱼腹鳍直至仔鱼孵出离去。小鱼发育极快。春夏产出的幼鱼当年就能发育成熟产卵繁殖。

【形态特征】体长侧扁，背平直，腹圆成弧形。头大适中，头顶平宽。吻稍长，平扁。口上位，口小横裂。下颌突出在上颌的前方，在颌上有细齿1列。眼极大，眼径超过吻长，侧位。眼间距宽而平。鳃膜越过峡部左右相连。鳃耙短而细小，13—14个。上咽齿排成12横列，下咽齿为6列。体被薄而透明的颇大圆鳞。在头顶及鳃盖也被薄鳞，但由于过薄而不易观察。无侧线。背鳍位于鱼体极后，其起点在臀鳍中点相对的后上方，无硬刺。胸鳍较大，高位，其末端可达腹鳍起点的上方。腹鳍较小，末端抵达肛门。臀鳍极长，起点在胸鳍基部至尾鳍之间的中点，其末端接近尾基。尾平截。肛门位于腹鳍末端，臀鳍起点的前方。鱼体背侧淡黄褐色，体侧与腹部银白色。背部正中有1条黑色纵线由头部延伸至尾基，在体侧也有1条黑色细线，自胸鳍平直地向后延伸至尾柄正中，在鱼体背部有许多黑色小点，在背侧小黑点密集于每一鳞片的基部，使鳞片的后缘形成一淡色的镶边。两眼的背侧银光闪闪，鱼在水面游动时呈醒目的亮点。腹鳍浅黑色。在生殖时期雄鱼腹鳍转为深黑色。其余各鳍浅灰白色。

图3-38　青鳉（图片来自网络）

第四章

西溪湿地鱼类外形图

＊本章图片参考《中国鱼类图鉴》绘制

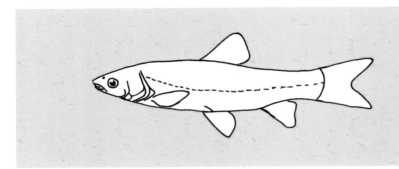

图 4-1 青鱼 *Mylopharyngodon piceus*（Richardson, 1846）

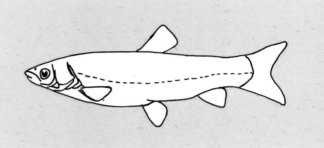

图 4-2 草鱼 *Ctenopharyngodon idella*（Valenciennes, 1844）

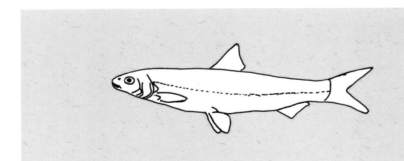

图 4-3 赤眼鳟 *Squaliobarbus curriculus*（Richardson, 1846）

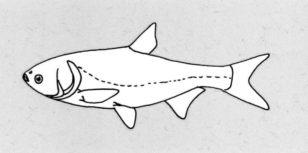

图 4-4 鲢 *Hypophthalmichthys molitrix*（Cuvier et Valenciennes, 1844）

图 4-5　鳙 *Aristichthys nobilis*（Richardson, 1845）

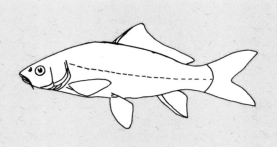

图 4-6　鲤 *Cyprinus carpio*（Linnaeus, 1758）

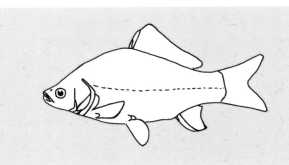

图 4-7　鲫 *Carassius auratus*（Linnaeus, 1758）

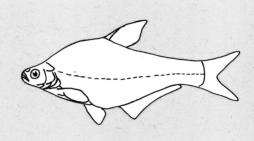

图 4-8　三角鲂 *Megalobrama terminalis*（Richardson, 1846）

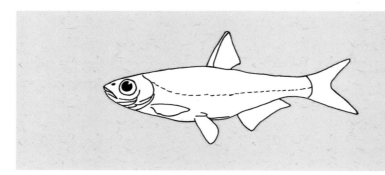

图 4-9　大眼华鳊 *Sinibrama macrops*（Günther, 1868）

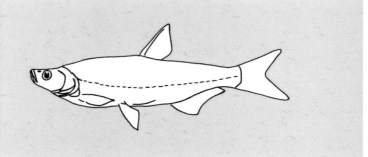

图 4-10　红鳍原鲌 *Cultrichthys erythropterus*（Basilewsky, 1855）

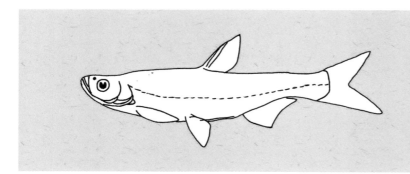

图 4-11　翘嘴鲌 *Culter alburnus*（Basilewsky, 1855）

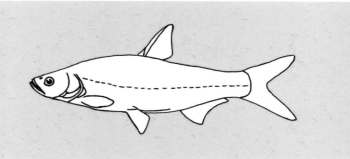

图 4-12　蒙古鲌 *Culter mongolicus*（Basilewsky, 1855）

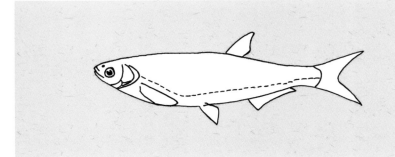

图 4-13　银飘鱼 *Pseudolaubuca sinensis*（Bleeker, 1865）

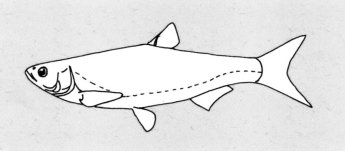

图 4-14　鰲 *Hemiculter leucisculus*（Basilewsky, 1855）

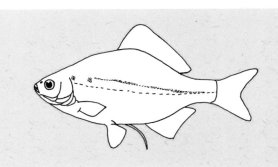

图 4-15　大鳍鱊 *Acheilognathus macropterus*（Bleeker, 1871）

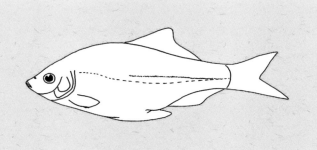

图 4-16　彩副鱊 *Paracheilognathus imberbis*（Günther, 1868）

图 4-17 中华鳑鲏 *Rhodeus sinensis*（Günther, 1868）

图 4-18 花鳍 *Hemibarbus maculates*（Bleeker, 1871）

图 4-19 棒花鱼 *Abbottina rivularis*（Basilewsky, 1855）

图 4-20 麦穗鱼 *Pseudorasbora parva*（Temminck et Schlegel, 1846）

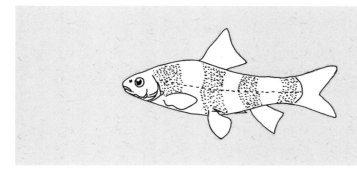

图 4-21 华鳈 *Sarcocheilichthys sinensis*（Bleeker, 1871）

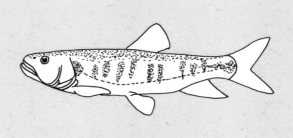

图 4-22 马口鱼 *Opsariichthys bidens*（Günther, 1873）

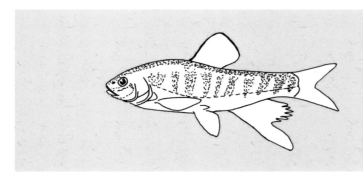

图 4-23 宽鳍鱲 *Zacco platypus*（Temminch et Schlegel, 1846）

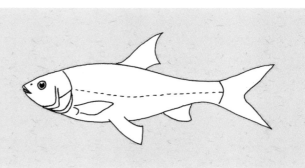

图 4-24 圆吻鲴 *Distoechodon tumirostris*（Peters, 1880）

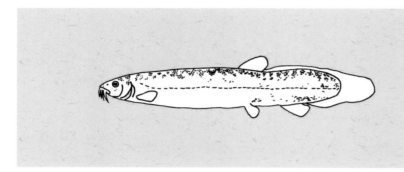

图 4-25　大鳞副泥鳅 *Paramisgurnus dabryanus*（Dabry et Thiersant, 1872）

图 4-26　泥鳅 *Misgurnus anguillicaudatus*（Cantor, 1842）

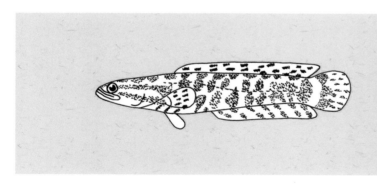

图 4-27　乌鳢 *Channa argus*（Cantor, 1842）

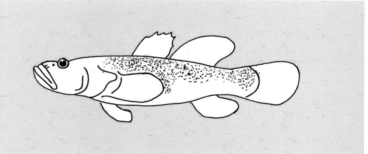

图 4-28　河川沙塘鳢 *Odontobutis potamophila*（Günther, 1861）

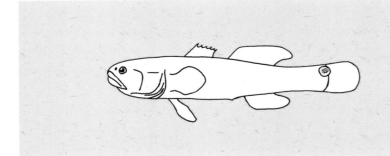

图 4-29　中华乌塘鳢 *Bostrichthys sinensis*（Lacepede, 1801）

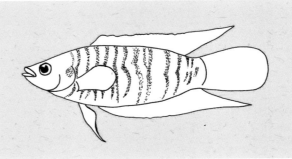

图 4-30　圆尾斗鱼 *Macropodus ocellatus*（Cantor, 1842）

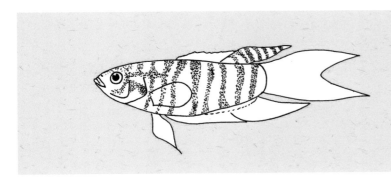

图 4-31　叉尾斗鱼 *Macropodus opercularis*（Linnaeus, 1758）

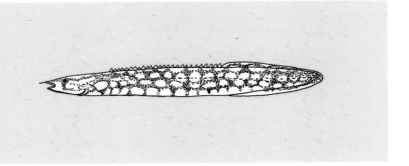

图 4-32　中华刺鳅 *Sinobdella sinensis*（Bleeker, 1870）

图 4-33　鲇 *Silurus asotus*（Linnaeus, 1758）

图 4-34　黄颡鱼 *Pelteobagrus fulvidraco*（Richardson, 1846）

图 4-35　黄鳝 *Monopterus albus*（Zuiew, 1793）

图 4-36　中国花鲈 *Lateolabrax maculatus*（McClelland, 1844）

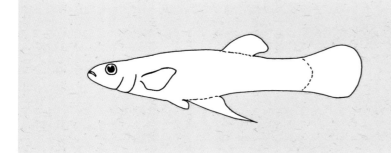

图 4-37　食蚊鱼 *Gambusia affinis*（Baird et Girard, 1853）

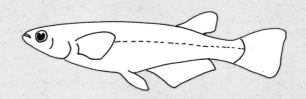

图 4-38　青鳉 *Oryzias latipes*（Temminck et Schlegel, 1846）

附录：西溪湿地鱼类经济价值一览表

鱼　类	经济价值
鲤科 Cyprinidae	
01. 青鱼 *Mylopharyngodon piceus*	大型经济鱼类。我国"四大家鱼"之一。生长迅速，肉质肥嫩，味鲜美而肥腴，是传统的淡水养殖对象，具有较高经济价值。
02. 草鱼 *Ctenopharyngodon idella*	大型经济鱼类。我国"四大家鱼"之一。肉质细嫩，是传统的淡水养殖对象，具有较高经济价值。
03. 赤眼鳟 *Squaliobarbus curriculus*	我国广泛分布的经济鱼类，除新疆、西藏外，在我国各主要水系均有分布。此鱼食性杂，肉质近似草鱼，肉质细嫩，具有一定的经济价值。
04. 鲢 *Hypophthalmichthys molitrix*	大型淡水鱼类。我国"四大家鱼"之一。近年来，其养殖产量一直居我国淡水养殖前 2 位，也是湖泊、水库的重要放养对象，为我国重要经济鱼类。肉质细嫩，是传统的淡水养殖对象。
05. 鳙 *Aristichthys nobilis*	我国优良淡水鱼类。我国"四大家鱼"之一。肉质细嫩，是传统的淡水养殖对象。养殖范围已覆盖全国大部分地区，为我国重要经济鱼类。
06. 鲤 *Cyprinus carpio*	我国重要的淡水鱼类。分布最广、养殖历史最悠久、产量最高的鱼类之一，肉质细嫩，经济价值高。
07. 鲫 *Carassius auratus auratus*	中小型淡水鱼类。个体不大，但肉味鲜美，是天然水域中重要的渔业资源种类，也是淡水养殖的重要鱼种，具有较高经济价值。
08. 三角鲂 *Megalobrama terminalis*	较为重要的淡水鱼类。肉质细嫩、营养丰富，是优良的淡水养殖品种，具有较高经济价值。
09. 大眼华鳊 *Sinibrama macrops*	营养价值较高，是开发利用前景广阔的优良养殖品种，具有一定的经济价值。

鱼　类	经济价值
10. 红鳍原鲌 *Cultrichthys erythropterus*	中小型经济鱼类。分布广，数量多，肉白、细嫩、味美。在个别地区为主要渔获物之一，具有一定的渔业价值。
11. 翘嘴鲌 *Culter alburnus*	大型经济鱼类。肉质优良，肉味鲜美，分布广，数量多，是重要的渔业资源，具有很高的渔业价值。
12. 蒙古鲌 *Culter mongolicus*	体型较大经济鱼类。肉质鲜嫩而不腥，蛋白质及脂肪含量较高。分布极广，具有一定的天然产量。
13. 银飘鱼 *Pseudolaubuca sinensis*	常见小型鱼类。具有一定的经济价值。
14. 鳘 *Hemiculter leucisculus*	常见小型鱼类。个体虽小，但分布广，繁殖力强，生长快，在自然水域中产量高，具有一定经济价值。
15. 大鳍鱊 *Acheilognathus macropterus*	小型鱼类。为鱊亚科中最大的一种鱼类，江河、湖泊中数量较多，经济价值不高。
16. 彩副鱊 *Paracheilognathus imberbis*	小型鱼类。体色鲜艳，具有一定的观赏价值。
17. 中华鳑鲏 *Rhodeus sinensis*	小型鱼类。适应性强，分布广。体色艳丽且易饲养，具有一定的观赏价值。
18. 花鲟 *Hemibarbus maculates*	常见小型鱼类。肉质鲜美，目前已成为华东地区水产养殖新品种，有一定的经济价值。
19. 棒花鱼 *Abbottina rivularis*	小型淡水鱼类。经济价值不高。
20. 麦穗鱼 *Pseudorasbora parva*	常见小型淡水鱼类。数量多，分布广，经济价值不高。
21. 华鳈 *Sarcocheilichthys sinensis*	常见小型鱼类。经济价值不高。
22. 马口鱼 *Opsariicjthys bidens*	小型鱼类。具有一定的经济价值。
23. 宽鳍鱲 *Zacco platypus*	小型鱼类。具有一定的经济价值。

鱼 类	经济价值
24. 圆吻鲴 *Distoechodon tumirostris*	生长于中国南方各江、湖中的一种经济鱼类,具有一定的经济价值。
鳅科 Cobitidae	
25. 大鳞副泥鳅 *Paramisgurnus dabryanus*	小型鱼类。天然产量较低,经济价值较低。
26. 泥鳅 *Misgurnus anguillicaudatus*	小型淡水鱼类。数量多,易于人工繁殖和养殖,具有较高的经济价值。
鳢科 Channidae	
27. 乌鳢 *Channa argus*	小型鱼类。肉质鲜美,骨刺少,是蛋白质含量很高的淡水鱼类,具有良好的人工养殖前景,经济价值较高。
塘鳢科 Eleotridae	
28. 河川沙塘鳢 *Odontobutis potamophila*	小型鱼类。肉质细嫩,肉味鲜美,富含营养,经济价值较高。
29. 中华乌塘鳢 *Bostrichthys sinensis*	小型鱼类。肉质鲜美,有一定药用功效,是我国东南沿海名贵鱼类之一。天然资源有限,有望开发为养殖种类,具有一定的经济价值。
丝足鲈科 Osphronemidae	
30. 圆尾斗鱼 *Macropodus ocellatus*	小型鱼类。数量少,具有一定的观赏性。
31. 叉尾斗鱼 *Macropodus opercularis*	小型鱼类。体色艳丽,是著名的观赏鱼类。
刺鳅科 Mastacembelidae	
32. 中华刺鳅 *Sinobdella sinensis*	小型鱼类。数量少,可食用,经济价值一般。

鱼　类	经济价值
鲇科 Siluridae	
33. 鲇 *Silurus asotus*	较大个体鱼类。数量多，肉质鲜美，有较高的营养及经济价值。
鲿科 Bagridae	
34. 黄颡鱼 *Pelteobagrus fulvidraco*	常见小型鱼类。肉质鲜美，分布广，数量多，经济价值较高。
合鳃科 Synbranchidae	
35. 黄鳝 *Monopterus albus*	分布广，适应性强，肉味鲜美，有一定药用功效，是传统的食用鱼类，经济价值较高。
真鲈科 Percichthyidae	
36. 中国花鲈 *Lateolabrax maculatus*	较大个体鱼类，最大个体体重可达 7.5—10 kg。生长迅速，肉质细嫩，味道鲜美，为上等食用鱼类，现已成为优良养殖品种，具有较高经济价值。
花鳉科 Poeciliidae	
37. 食蚊鱼 *Gambusia affinis*	小型鱼类。不供食用，对控制蚊子孳生具有一定作用。
异鳉科 Adrianichthyidae	
38. 青鳉 *Oryzias latipes*	小型鱼类。不供食用，可观赏，经济价值较低，对控制蚊子孳生具有一定作用。

参考文献

[1] 成庆泰, 郑葆珊. 中国鱼类系统检索: 上、下 [M]. 北京: 科学出版社, 1987.

[2] 李建华, 岛谷幸宏. 东苕溪鱼类图鉴 [M]. 北京: 科学出版社, 2016.

[3] 石琼, 范明君, 张勇. 中国经济鱼类志 [M]. 武汉: 华中科技大学出版社, 2015.

[4] 农牧渔业部水产局, 中国科学院水生生物研究所, 上海自然博物馆. 中国淡水鱼类原色图集: 第一集 [M]. 上海: 上海科学技术出版社, 1982.

[5] 农牧渔业部水产局, 中国科学院水生生物研究所, 上海自然博物馆. 中国淡水鱼类原色图集: 第二集 [M]. 上海: 上海科学技术出版社, 1988.

[6] 农业部水产司, 中国科学院水生生物研究所. 中国淡水鱼类原色图集: 第三集 [M]. 上海: 上海科学技术出版社, 1993.

[7] 浙江动物志编辑委员会. 浙江动物志: 淡水鱼类 [M]. 杭州: 浙江科学技术出版社, 1991.

[8] 朱松泉. 中国淡水鱼类检索 [M]. 南京: 江苏科学技术出版社, 1995.